BEI GRIN MACHT SICH IHR WISSEN BEZAHLT

- Wir veröffentlichen Ihre Hausarbeit,
  Bachelor- und Masterarbeit

- Ihr eigenes eBook und Buch -
  weltweit in allen wichtigen Shops

- Verdienen Sie an jedem Verkauf

Jetzt bei www.GRIN.com hochladen
und kostenlos publizieren

Sven-David Müller

Ist Deutschland ein Vitamin-Mangelland?

Vitaminmangel in Deutschland

GRIN Verlag

Impressum:

Copyright © 2013 GRIN Verlag GmbH
Druck und Bindung: Books on Demand GmbH, Norderstedt Germany
ISBN: 978-3-656-87509-3

Ist Deutschland ein Vitamin-Mangelland?

Vitaminmangel in Deutschland

von Dr. h.c. (AM) Sven-David Müller, MSc.

Während die Deutsche Gesellschaft für Ernährung (DGE) e.V. nicht müde wird, mitzuteilen, dass Deutschland kein Vitamin-Mangelland ist und es keine Avitaminosen gibt, nehmen laut einer Forsa-Umfrage 30 Prozent der Deutschen regelmäßig Vitamine oder Mineralstoffe ein. Ist die Einnahme von Vitaminen in Form von Tabletten, Pulver oder Kapseln überhaupt sinnvoll und wie kommt es zu den erschreckenden Studienergebnissen, dass bestimmte Vitamine die Gesundheit eher schädigen als fördern?

Vitamine sind essentiell

Grundsätzlich muss festgehalten werden, dass der Mensch ohne die Zufuhr von Vitaminen nicht überleben kann. Lediglich Vitamin D kann im Organismus selbst produziert werden. Zudem kann der menschliche Körper das Provitamin Beta-Carotin in Vitamin A (Retinol) umwandeln. Wir sind also auf eine regelmäßige Vitaminzufuhr überlebenswichtig angewiesen. Die Aufnahmequote von im Colon gebildeten Vitaminen – insbesondere Vitamin K – scheint individuell und intraindividuell unterschiedlich, sodass auch dieses fettlösliche Vitamin zugeführt werden muss und nicht vollständig und bedarfsdeckend von der Darmflora gebildet werden kann. Die Speicher für Vitamine sind im menschlichen Organismus begrenzt und es können nicht alle Vitamine gespeichert werden. Vor diesem Hintergrund erscheint es notwendig, regelmäßig die Vitaminzufuhr zu gewährleisten. Aber in welcher Menge benötigen wir überhaupt Vitamine. Die D.A.CH.-Referenzwerte der Deutschen-, Österreichischen und Schweizerischen Gesellschaft für Ernährung beantworten diese Frage nur wenig ausreichend. Die DACH-Referenzwerte gelten lediglich für Gesunde, Schwangere und Stillende und machen praktisch keine Aussage über Kranke. Aber wer ist in der westlichen Welt überhaupt vollständig gesund? Praktisch keiner! Aber für wen gelten dann die DACH-Referenzwerte und wieso gibt es keine Empfehlungen für Kranke? Der Vitaminbedarf ist individuell und intraindividuell unterschiedlich und Referenzwerte und

Empfehlungen gelten grundsätzlich für das statistische Mittel. Dementsprechend gelten sie für Einzelpersonen praktisch nicht. Oder doch? Die DACH-Referenzwerte decken das Gros der Notwendigkeit ab und liegen übrigens auch nicht unter den Empfehlungen anderer Länder. Jüngst wurde beispielsweise der Referenzwert für Vitamin D angepasst.

Deutschland ist ein Vitamin-D-Mangelland

In Deutschland weisen nach Angaben der DGE rund 60 Prozent der Bevölkerung nach internationalen Kriterien eine unzureichende Vitamin D-Versorgung auf. Bei ihnen liegt der Marker für die Versorgung im Blut, die Konzentration des 25-Hydroxyvitamin D (25(OH)D), unter dem gewünschten Wert von 50 nmol/l. Um diese Konzentration im Blut zu erreichen, gibt die DGE als neuen Referenzwert für die Vitamin D-Zufuhr unter der Annahme einer fehlenden körpereigenen Bildung 20 µg Vitamin D pro Tag an. Über die Ernährung mit den üblichen Lebensmitteln nehmen Jugendliche und Erwachsene 2 bis 4 µg Vitamin D pro Tag auf. Die Differenz zwischen der Zufuhr mit der Ernährung und dem Schätzwert bei fehlender körpereigener Bildung muss über die Vitamin D-Bildung in der Haut und/oder über die Einnahme eines Vitamin D-Präparates gedeckt werden. Bei häufigem Aufenthalt im Freien, insbesondere auch bei körperlicher Aktivität im Freien und mit ausreichenden Partien unbedeckter Haut, kann die gewünschte Vitamin D-Versorgung ohne Einnahme eines Vitamin D-Präparates erreicht werden. Nachfolgend die aktuellen Referenz-Werte der DGE für die Vitamin-D-Zufuhr:

Alter	Vitamin D bei fehlender endogener Synthese µg[1]/Tag
Säuglinge (0 bis unter 12 Monate)	10[2]
Kinder (1 bis unter 15 Jahre)	20[3]
Jugendliche und Erwachsene	20[3]

(15 bis unter 65 Jahre)	
Erwachsene ab 65 Jahre	20^3
Schwangere	20^3
Stillende	20^3

[1]1 µg = 40 Internationale Einheiten (IE); 1 IE = 0,025 µg

[2]Der Schätzwert wird durch Gabe einer Vitamin D-Tablette zur Rachitisprophylaxe ab der 1. Lebenswoche bis zum Ende des 1. Lebensjahres bei gestillten und nicht gestillten Säuglingen erreicht. Die Gabe erfolgt unabhängig von der endogenen Vitamin D-Synthese und der Vitamin D-Zufuhr durch Frauenmilch bzw. Säuglingsmilchnahrungen. Die Prophylaxe sollte im 2. Lebensjahr in den Wintermonaten weiter durchgeführt werden (Deutsche Gesellschaft für Kinder- und Jugendmedizin).

[3]Die Vitamin D-Zufuhr über die Ernährung mit den üblichen Lebensmitteln (1 bis 2 µg pro Tag bei Kindern, 2 bis 4 µg pro Tag bei Jugendlichen und Erwachsenen) reicht nicht aus, um den Schätzwert für die angemessene Zufuhr bei fehlender endogener Synthese zu erreichen. Die Differenz zum Schätzwert muss über die endogene Synthese und/oder über die Einnahme eines Vitamin D-Präparats gedeckt werden. Bei häufiger Sonnenbestrahlung kann die gewünschte Vitamin D-Versorgung ohne die Einnahme eines Vitamin D-Präparats erreicht werden.

Quelle: DGE e.V., am 17. März 2013 um 18.44 Uhr von

http://www.dge.de/modules.php?name=Content&pa=showpage&pid=4&page=13

abgerufen

Vitaminanreicherung ist in der EU eher unüblich

Grundsätzlich gehören Vitamine zu den lebensnotwendigen (essentiellen) Stoffen. Die meisten Vitamine kann der menschliche Organismus nicht selbst produzieren. Lediglich Vitamin D kann vom Menschen selbst produziert werden. Durch die Lebensumstände der meisten Menschen ist die endogene Synthese des fettlöslichen Vitamins jedoch unzureichend. Im Gegensatz zu vielen anderen Ländern ist in Deutschland und vielen anderen Ländern der EU die Anreicherung von Lebensmitteln des täglichen Verzehrs wie Trinkwasser, Mehl, Salz oder Milch eher unüblich. In den USA werden beispielsweise Milchprodukte häufig mit Vitamin D angereichert. In anderen Ländern wird Speisesalz oder Trinkwasser beziehungsweise Mehl angereichert. Davon ist Deutschland weit entfernt. Über Jodsalz (oder fluoridiertes Jodsalz beziehungsweise fluoridiertes Jodsalz mit Folsäure geht die Anreicherung von Lebensmitteln des täglichen Verzehrs kaum hinaus, sondern betrifft eher Nahrungsergänzungsmittel und ähnliche Produkte). Andere Vitamine können aus Vorstufen (Provitaminen) umgewandelt werden. Andere Vitamine können von den Mikroorganismen der Darmflora gebildet und werden. Diese können dann in bestimmten Umfang zur Versorgung beitragen. Die Vitamin-Versorgungssituation in Deutschland ist nicht optimal. Einige Vitamine werden unzureichend zugeführt. Das lässt sich anhand der letzten Ernährungsberichte, der nationalen Verzehrsstudien und auch der EPIC Studie (für den Raum der Bundesrepublik Deutschland) eindrucksvoll nachweisen. Trotzdem wird die DGE nicht müde, regelmäßig zu behaupten, dass Deutschland kein Vitamin-Mangelland ist. Wie kann es zu dieser Tatsache kommen. Verdreht die Deutsche Gesellschaft für Ernährung die Tatsachen oder sind die Studien von der Vitamin-Lobby gesteuert. Die Nationale Verzehrsstudie und auch die EPIC-Studie sind sicher nicht von der Industrie oder Lobbyisten beeinflusst. Und auch die DGE verdreht keine Tatsachen. Vielmehr ist die Herangehensweise der DGE eine Besondere. Sie versteht unter Vitaminmangel eine zu extremen Symptomen führende Versorgung. Und die ist in Deutschland natürlich nicht gegeben. Es kommt selbstverständlich nicht häufig zu Skorbut, Beriberi oder Rachitis. Die DGE hat sozusagen eine eigene Definition für das Wort Mangel gefunden. Ob das sinnvoll ist, darf durchaus auch bezweifelt werden. Wer jedoch von einer suboptimalen Vitaminversorgung spricht, widerspricht damit auch nicht den „Altforeren" der DGE. Häufig wird von der DGE auch ausgesagt, dass insbesondere Risikogruppen Probleme in der Vitamin-Versorgung haben. Aber wer gehört nicht zu einer Risikogruppe?

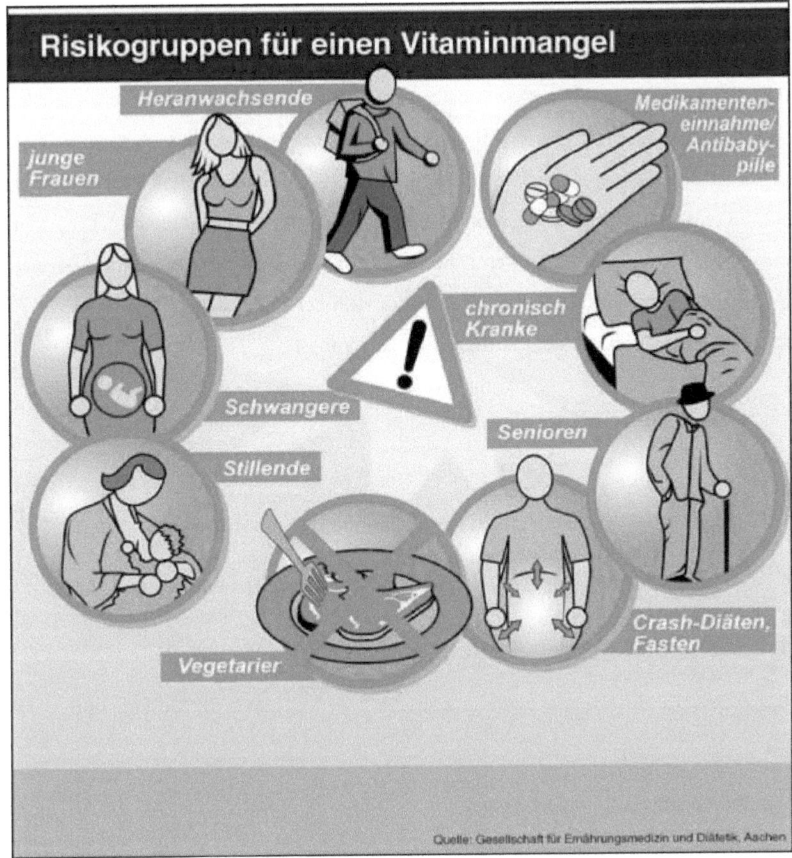

Vitamine sind eine chemisch heterogene Gruppe

Aufgrund ihrer chemischen Eigenschaften unterteilt man Vitamine in zwei Gruppen: Fettlösliche Vitamine, dazu gehören die Vitamine A, D, E und K, können im Körper bei einem Überangebot gespeichert werden. Wasserlösliche Vitamine, dazu gehören die B-Vitamine und Vitamin C, dagegen werden bei einem Überangebot mit dem Urin ausgeschieden. Wasserlösliche Vitamine benötigen Wassser, um vom Körper aufgenommen werden zu können und Fettlösliche können nur in Anwesenheit von Fett aufgenommen werden.

Ursprünglich sollten die Vitamine in der Reihenfolge ihrer Entdeckung alphabetisch benannt werden. Doch dieses System geriet durch die B-Vitamine durcheinander: Es stellte sich heraus, dass „Vitamin B" keine einzelne Substanz ist, sondern eine Gruppe, ein so genannter Vitaminkomplex. Zu diesem Zeitpunkt waren die folgenden Buchstaben jedoch bereits anderen Vitaminen zugeordnet worden, daher bekamen die B-Vitamine Nummern angefügt, also B1, B2, B6 und B12. Jene Vitamine der B-Gruppe, die später entdeckt wurden, erhielten eigene Namen wie z.B. Folsäure oder Pantothensäure. Dass es Lücken in der Nummerierung gibt, liegt daran, dass manche Substanzen zunächst irrtümlich dem B-Vitaminkomplex zugeordnet wurden, dies später aber korrigiert werden musste.

Vitaminlexikon

Vitamin A: wichtig für Haut, Schleimhäute, Zähne, Zahnfleisch und Haare

Vitamin C: von Bedeutung für Knochen, Knorpel, Bindegewebe, Zähne und Abwehrkräfte

Vitamin E: trägt zur Erhaltung und Funktionsfähigkeit der Zellen bei

Vitamin B1: wichtig für die Energiegewinnung aus der Nahrung sowie für Muskeln und Wachstum

Vitamin B 2: gut für die Haut und die Augen

Vitamin B6: wichtig für Wachstum, Muskeln und Haut

Vitamin B12: wichtig für geistige Energie, Leistungsfähigkeit und Konzentration

Vitamin D: trägt zur Erhaltung von gesunden Knochen und Zähnen bei

Vitamin K: an der Herstellung wichtiger körpereigener Eiweiße beteiligt

Biotin: wichtig für eine normale Nervenfunktion

Folsäure: am Zellaufbau beteiligt

Niacin: an der Energiebildung beteiligt

Pantothensäure: wichtig für die Bildung einiger Hormone und den Aufbau von Gewebe

Wie heute bekannt ist, sind Vitamine chemisch untereinander sehr verschieden (8). Für den Menschen sind alle Vitamine essenziell. Der Mensch ist daher auf eine exogene Zufuhr der Vitamine mit der Nahrung angewiesen, da ihm die Fähigkeit zur Biosynthese dieser Stoffe oder deren Vorstufen fast gänzlich fehlt. Die einzigen Ausnahmen in diesem Zusammenhang bilden Vitamin D und Niacin. In begrenzter Menge ist der Körper in der Lage, Vitamin D in der Haut zu produzieren. Voraussetzung für diese chemische Reaktion ist aber eine UV-Lichtexposition und das Vorhandensein der Ausgangssubstanz Cholesterin. Im Fall des Niacins kann der Körper Tryptophan, eine der essenziellen Aminosäuren, zur Synthese von Niacin nutzen. Eine weitere Gemeinsamkeit der Vitamine liegt darin, dass der Körper nur in begrenztem Umfang zur Speicherung in der Lage ist. Somit ist die regelmäßige Zufuhr von Vitaminen mit der Nahrung eine Grundvoraussetzung für einen gesunden Stoffwechsel. Die unterschiedliche Struktur und Funktion ermöglicht lediglich eine grobe Unterteilung der Vitamine in zwei Gruppen, die auf ihren chemischen Eigenschaften beruht. Es gibt fettlösliche Vitamine, deren Transportweg dem der Fette ähnelt (8). Dazu gehören die Vitamine A, D, E und K. Die übrigen Vitamine (Thiamin, Riboflavin, Pyridoxin, Cobalamin, Folsäure, Niacin, Biotin, Pantothensäure und Vitamin C) zählen zur Gruppe der wasserlöslichen Vitamine. Viele Vitamine wirken als Aktivator oder Bestandteil verschiedener Enzyme des menschlichen Metabolismus.

Vitamine haben 2012 den 100sten Geburtstag gefeiert

Ein einhundertjähriger Geburtstag wird normalerweise groß gefeiert. Aber der 100ste Geburtstag der Vitamine ist im letzten Jahr sang- und klanglos praktisch ohne Feier oder große Publikationswellen abgelaufen. *Im Jahr 1912 kreierte der Biochemiker Casimir Funk den Namen „Vitamin". Seither wurden 13 lebenswichtige Vitamine entdeckt.* Die Namensgebung der essentiellen Mikronährstoffe erfolgte 1912 durch Biochemiker Casimir Funk. Allerdings irrte Funk sich bei der Namenswahl: Das Wort Vitamine ist ein Kunstbegriff aus „Vita" für das Leben und „amin" für stickstoffhaltig. Für das erste „Vit-Amin" Thiamin (B1) mag diese Bezeichnung noch zutreffend sein, aber für viele andere „Vit-Amine" wie beispielsweise Retinol oder Askorbinsäure ist sie falsch, da es sich dabei nicht um Amine handelt.

Wer war Casimir Funk?

Der Biochemiker Casimir Funk (geboren 23. Februar 1884 in Warschau, Polen; gestorben 19. Januar 1967 in Albany, USA) beschäftigte sich zu Beginn des 20. Jahrhunderts intensiv mit einem Wirkstoff gegen BeriBeri, eine damals unerklärliche neue Krankheit, die u.a. in Japan auftrat. Es wurde – was mittlerweile erwiesen ist – eine Vitamin-Mangelkrankheit vermutet. Aus Reiskleie wurde ein Stoff isoliert, der die Erkrankung heilen konnte. Die Analyse der Verbindung ergab, dass es sich um eine stickstoffhaltige Verbindung handelte, genauer gesagt um Thiamin, heute als Vitamin B1 bekannt.

Entdeckung der Vitamine: Einige Meilensteine in den bisherigen „100 Jahre Vitamine"

- 1912: Der Biochemiker Casimir Funk entdeckt die Substanz Thiamin (später Vitamin B1 benannt) und führt den Namen „Vit-Amin" ein.
- 1913: Die Biochemiker Elmer McCollum und Marguerite Davis entdecken Vitamin A (Retinol).
- 1920: Der Zusammenhang zwischen Zitrusfrüchten, Sauerkraut und Skorbut war seit dem 18. Jahrhundert bekannt. 1920 wurde für den "antiskorbutischen Faktor" der Name Vitamin C vorgeschlagen.
- ca. 1920: Der Kinderarzt John Howland und der Biochemiker Elmer Verner McCollum entdecken Vitamin D bei der Suche nach einer Heilung der Rachitis.
- 1922: Vitamin E wird als "Fruchtbarkeits-Vitamin" entdeckt.
- 1929: Der Physiologe und Biochemiker Carl Peter Henrik Dam entdeckt das Vitamin K.
- 1930er Jahre: intensive Erforschung der B-Vitamine von verschiedene Wissenschaftlergruppen.

Vitamin- und Mineralstoffmangel

Auch wenn es bei der DGE nicht beliebt ist, von Vitaminmangel zu sprechen, möchte ich den Begriff hier doch verwenden und mich von der DGE-Defintion abwenden. Eine unzureichende Zufuhr führt zu einem Mangel und der muss nicht gleich zu Skorbut, Beriberi, Pellagra oder Rachitis führen. In jedem Falle muss die Vitaminversorgung der Bevölkerung optimiert werden, um die Gesundheit zu schützen, Leiden vorzubeugen oder sie zu lindern. Eine Verbesserung der Vitamin-Versorgung ist insbesondere über eine ausgewogene Ernährungsweise möglich. Zudem kann es sinnvoll sein, Vitamine zu substituieren. Dafür gibt es verschiedene Möglichkeiten, die von angereicherten Lebensmitteln bis zu Arzneimitteln reichen. Die Health-Claim-Verordnung gibt Verbrauchern und auch der Industrie viel Sicherheit, wenn es um gesundheitsbezogene Aussagen geht. Unter http://ec.europa.eu/nuhclaims/?event=search&CFID=484588&CFTOKEN=210ed7d86b12853 a-79A294F9-AAF6-4D3F- 486C1817C2047723&jsessionid=9212896b4f9a00b3ff1a5a1559102796b118TR kann die Datenbank der authorisierten und der abgelehnten Health-Claims eingesehen werden. Die Nährwertbezogene Angaben und Bedingungen für ihre Verwendung (HCVO) können beispielsweise unter http://www.bll.de/themen/health-claims/naehrwertbezogene- angaben-und-bedingungen/ Kostenlos angerufen werden. Insgesamt hat die HCVO für mehr Rechtssicherheit gesorgt. Gerade im Bereich der Vitamine sind diverse sinnvolle Health Claims anerkannt worden.

Vitaminmangel in Deutschland

Ein Vitamin- und Mineralstoffmangel entwickelt sich dann, wenn die Zufuhr über die Nahrung den Bedarf des Körpers nicht deckt. Der Fachverband der deutschen, österreichischen und schweizerischen Ernährungsgesellschaften (D.A.CH. 2000) hat Referenzwerte für die Nährstoffzufuhr zusammengestellt, die den Bedarf an Vitaminen und Mineralstoffen eines gesunden Menschen decken.

Ein Vitamin- und Mineralstoffmangel kann beispielsweise nicht nur Folge einer zu geringen Zufuhr mit der Nahrung sein sondern auch durch einen erhöhten Bedarf ausgelöst werden. Das ist dann der Fall, wenn keine optimale Resorption der abgebotenen Vitamine und Mineralstoffe, aufgrund von Krankheiten oder durch Wechselwirkungen mit Medikamenten, erfolgen kann. Der Verlauf eines Vitaminmangels erfolgt in verschiedenen Stufen. Zunächst verringern sich die Speicher des Körpers, was zu vielfältigen, biochemischen Veränderungen führt (8). Durch diese Veränderungen kommt es zu unspezifischen Symptomen, die sich dann zu typischen klinischen Krankheitsbildern entwickeln (8). Dieser Ablauf gleicht einem Eisberg, da die Symptome nur die Spitze des gesamten Ausmaßes eines Vitaminmangels darstellen.

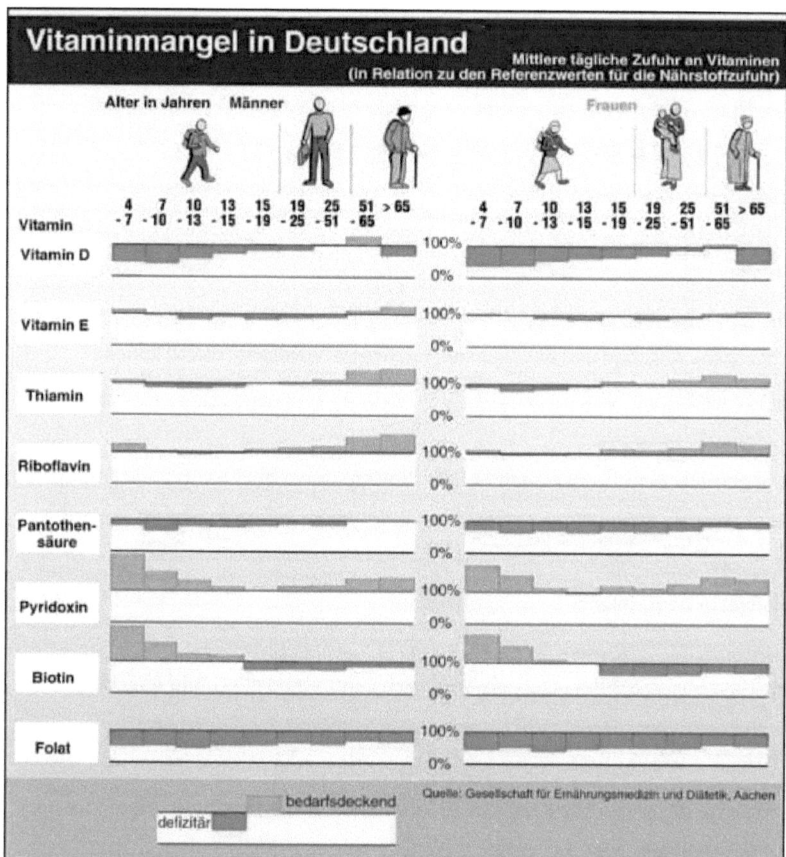

Vitamin A

Vitamin A findet sich insbesondere in Fischleberölen (7). In pflanzlichen Lebensmitteln liegt Vitamin A in Form von Carotinoiden vor, die auch als Provitamin A bekannt sind. Zu den Aufgaben gehören der Sehvorgang, die Regulation des Wachstums und der Aufbau von Haut und Schleimhäuten (8). Die Symptome eines Vitamin A-Mangels zeigen sich im Bereich der Augen als Störungen der Dunkeladaption, Bitotschen Flecken und Keratomalazie bis hin zu

Erblindung. Weitere Auswirkungen eines Vitamin A-Mangels zeigen sich an Haut und Schleimhäuten, die bis hin zur Verhornung eintrocknen können. Außerdem treten Bronchitis und Pneumonien auf (4).

Vitamin D

Vitamin D-Quellen sind Fettfische wie Hering und Makrele, Leber und Eigelb. Margarine wird mit Vitamin D zum Teil mit Vitamin D angereichert (7). Vitamin D ist entscheidend an der Calcium-Absorption im Darm beteiligt und sorgt für die Einlagerung des Calciums in den Knochen. Aufgrund der Hauptfunktion des Vitamin D, lassen sich die Folgen eines Mangels ableiten. Es kommt zu einer Störung bei der Mineralisierung der Knochen (9). In einem solchen Fall kommt es zu Verformungen der Knochen und gehäuften Frakturen. Das Krankheitsbild eines Vitamin D-Mangels wird im Säuglings- und Kleinkindalter als Rachitis im adulten Skelett als Osteomalazie bezeichnet (4). Die Symptome der Osteomalazie reichen von muskulärer Schwäche über Knochenschmerz bis hin zu Frakturen. Besonders die Knochen des Beckens, des Thorax und der Extremitäten werden bei der Osteomalazie in Mitleidenschaft gezogen. Die Rachitis betrifft die wachsenden Knochen, insbesondere Schädel-, Rippen- und Beinknochen sowie die Wirbelsäule und führt zu Deformierungen (9). Die Rachitis ist heute fast vollständig verschwunden, da Vitamin D oral substituiert wird. Die Vitamin D Versorgung der Bevölkerung in Deutschland ist schlecht.

Vitamin E

Der Gehalt an Vitamin E in tierischen Produkten hängt von dem der pflanzlichen Nahrung der Tiere ab, da Tocopherole nur von Pflanzen hergestellt werden können. Lebensmittel mit einem hohen Gehalt an mehrfach ungesättigten Fettsäuren, zum Beispiel pflanzliche Öle, enthalten in aller Regel auch viel Vitamin E (7). Bei Vitamin E handelt es sich um einen wichtigen Schutzfaktor gegen die Oxidation von ungesättigten Fettsäuren. Aufgrund der Fähigkeit, freie Radikale abzufangen, kann Vitamin E die Oxidation des Fettes verhindern. Diese Funktion ist für die Zellmembranen entscheidend. Neuropathien und Myopathien zählen zu den wesentlichen Störungen, die durch Vitamin E-Mangel hervorgerufen werden (4).

Vitamin K

Quellen für Vitamin K sind grünes Gemüse, Milch und Milchprodukte, Muskelfleisch sowie Getreide (7). Die Funktion von Vitamin K liegt in der Beteiligung an der Bildung von Gerinnungsfaktoren. Daher wirkt sich ein Mangel an Vitamin K auf die Blutgerinnung aus (4). Die Blutgerinnungszeit verlängert sich (9).

Thiamin (Vitamin B1)

Thiamin-Quellen sind Muskelfleisch, einige Fischarten wie Scholle und Thunfisch sowie Vollkornerzeugnisse (7). In Form des Coenzyms TPP ist Thiamin an vielen Stoffwechselvorgängen des menschlichen Körpers beteiligt. Ein Beispiel dafür ist die nicht-oxidative und die oxidative Decarboxylierung von alpha-Ketosäuren (8). Allgemein liegen die Funktionen des Thiamins in der Erhaltung von Nerven-, Herz- und Muskelgewebe. Die klassische Thiamin-Mangelerkrankung heißt Beriberi und ist auf Entwicklungsländer beschränkt (14). Ein marginaler Mangel führt zunächst zu unspezifischen Symptomen wie Müdigkeit, Gewichtsverlust und zerebralen Ausfallserscheinungen. Bei einem klinischen Thiaminmangel kommen zudem periphere Neuropathien, Muskelatrophie sowie Tachykardien hinzu (2).

Riboflavin (Vitamin B2)

Milch und Milchprodukte, Muskelfleisch, Fisch sowie Eier und Vollkornprodukte sind gute Lieferanten für Riboflavin (7). Riboflavin wirkt hauptsächlich als Vorstufe der Coenzyme FMN und FAD. Außerdem zählt der Umsatz von Medikamenten und der Fettstoffwechsel zu den wichtigsten Funktionen des Riboflavin. Zu den frühen Symptomen eines Riboflavinmangels gehören Mundwinkelrhagaden, Glossitis sowie Stomatitis (4). Bei fortgeschrittenem Mangel entwickelt sich im Spätstadium eine hypochrome Anämie (3).

Pyridoxin (Vitamin B6)

Vitamin B6 ist in fast allen Lebensmitteln enthalten, als gute Lieferanten gelten dabei Hühner- und Schweinefleisch, einige Gemüsearten, Kartoffeln sowie Bananen (7). Pyridoxin weist mit verschiedenen anderen Vitaminen wie Thiamin, Riboflavin, Biotin, Niacin, Folsäure, Vitamin C und E sowie einigen Hormonen des menschlichen Körpers einen synergistischen Effekt auf. Ähnlich wie die anderen B-Vitamine auch, wird das Pyridoxin vorwiegend in Form eines Coenzyms genutzt. In dieser Form ist Pyridoxin beispielsweise am Fettstoffwechsel, dem Nervensystem und dem Immunsystem beteiligt. Ein weiterer Funktionsbereich liegt bei der Niacinsynthese aus der Aminosäure Tryptophan. Die Symptome eines Pyridoxinmangels sind ähnlich der Symptome von Riboflavin- und Niacinmangel (4). Es kommt zu seborrhoischen Ekzemen im Gesicht, Cheilosis, Glossitis, Stomatitis sowie zu einer Pellagra-ähnlichen Dermatitis (2).

Cobalamin (Vitamin B12)

Cobalamin ist in allen tierischen Lebensmitteln enthalten (7). Es findet im menschlichen Körper beim Fett- und Folsäurestoffwechsel in Form eines Coenzyms seinen Einsatz (4). Bei einem Cobalaminmangel zeigen sich verschiedene Symptome. Diese reichen von Blässe der Haut und Schleimhäute, Glossitis, Schwäche und Müdigkeit über die Degeneration verschiedener Bezirke des Rückenmarks bis hin zu Gedächtnisstörungen, Verwirrtheit sowie Psychosen (9). Die klassische Cobalamin-Mangelerkrankung ist die perniziöse Anämie, die in der Regel mit unspezifischen Symptomen wie Müdigkeit und Herzklopfen beginnt (3).

Niacin (Nikotinsäureamid, Nikotinsäure)

Zu guten Niacin-Lieferanten zählen mageres Fleisch, Fisch, Milch und Eier (7). Wie die anderen B-Vitamine auch, hat Niacin eine Hauptfunktion als Coenzym. Die beiden Coenzyme des Niacins Nikotinamid-Adenin-Dinucleotid NAD+) und Nikotinamid-Adenin-Dinucleotidphosphat (NADP+) sind an vielen metabolischen Reaktionen des Körpers beteiligt. Während es in den ersten Stadien eines Niacinmangels nur zu uncharakteristischen Symptomen wie Schlaflosigkeit, Zungenbrennen, Kopfschmerzen oder Vergesslichkeit kommt, führt ein ausgeprägter Mangel zur klassischen Pellagra, die sich in Symptomen über die Haut, den Verdauungstrakt und das Nervensystem äußert (4). Diese klinischen Manifestationen werden unter den Begriffen Dermatitis, Diarrhö und Dementia zusammengefasst (9).

Folsäure

Zu guten Folsäurelieferanten zählen Gemüsearten wie Tomaten und Kohlsorten, Orangen sowie Brot- und Backwaren aus Vollkornmehl (7). Folsäure ist zusammen mit den Vitaminen Pyridoxin und Cobalamin am Abbau der Aminosäure Homocystein beteiligt und hat zudem eine wichtige Funktion bei der Zellteilung (9, 10). Die Folgen eines Folsäuremangels zeigen sich zunächst dort, wo es eine hohe Zellteilungsrate im Körper gibt. Als frühestes Zeichen eines Folsäuremangels kann eine hyperchrome makrozytäre Anämie beobachtet werden. Weitere Symptome sind physische Schwäche, Depressionen, Schlaflosigkeit sowie eine Degeneration des Rückenmarks (9). Es können zudem bei Schwangeren Fehlbildungen des Fetus bis hin zu Frühgeburten auftreten (Pschyrembel). Eine Unterversorgung mit Folsäure hat außerdem zur Folge, dass das Stoffwechselzwischenprodukt Homocystein nicht abgebaut werden kann. Homocystein entsteht im Rahmen des Stoffwechsels der essenziellen Aminosäure Methionin und wird mit Hilfe der Vitamine B6, B12 und Folsäure weiter umgesetzt. Findet dieser Abbau nur unzureichend statt, erhöht sich die Homocysteinkonzentration im Blut. In den letzten Jahren hat sich gezeigt, dass ein erhöhter Homocysteinspiegel im Blut ein unabhängiger Risikofaktor für Herz-Kreislauf-Erkrankungen ist. Durch Senkung des Homocysteinspiegels, beispielsweise durch Vitaminsupplementation bei unzureichender Nahrungszufuhr der Vitamine, könnten bis zu 25 Prozent der kardiovaskulären Erkrankungen vermieden werden (15). Es besteht zudem ein Zusammenhang zwischen erhöhtem Homocysteinspiegel und der Alzheimer-Erkrankung (13). Die Folsäureaufnahme in Deutschland liegt deutlich unter den Zufuhr-Empfehlungen. Deutschland ist ein Folsäuremangel-Land.

Pantothensäure

Muskelfleisch, Fisch und Vollkornerzeugnisse sind gute Lieferanten für Pantothensäure, aber nahezu alle Lebensmittel enthalten geringe Mengen (7). Auch die Wirkform der Pantothensäure ist ein Coenzym (Coenzym A), welches für den Metabolismus des Menschen von zentraler Bedeutung ist. Coenzym A ist unter anderem für den Kohlenhydrat-, den Lipid- sowie den Proteinstoffwechsel von zentraler Bedeutung. Ein Pantothensäuremangel führt beim Menschen zunächst zu unspezifischen Symptomen wie Kopfschmerzen, Müdigkeit, Magen-Darm-Störungen, Herzklopfen oder Missempfindungen. Bei fortgeschrittenem Mangel zeigen sich neben schlechter Wundheilung und einem niedrigen Blutdruck auch unkoordinierte Bewegungsabläufe (4).

Biotin

Gute Quellen für Biotin sind zum Beispiel Bierhefe, Leber, Sojabohnen, Nüsse und Haferflocken (7). Es gibt vier Decarboxylasen, die auf Biotin als Coenzym angewiesen sind

(8). In Form dieses Coenzyms ist Biotin am Kohlenhydrat-, Aminosäuren- und

Lipidstoffwechsel des Menschen beteiligt. Klinische Symptome eines Biotinmangels sind

vermehrte Schuppung der Haut, seborrhoide Dermatitis an Kopf, Hals und Extremitäten

sowie Alopezie (11).

Vitamin C (Ascorbinsäure)

Vitamin C ist vor allem in Obst und Gemüse enthalten (7). Aus dieser chemischen Eigenschaft

ergibt sich die Funktion der Ascorbinsäure als Redoxsystem. Im Bereich der extrazellulären

Flüssigkeit gilt Vitamin C als das bedeutendste Antioxidanz und hat sich als effizienter

Radikalfänger verschiedener , für den menschlichen Körper schädlicher, Substanzen

erwiesen (8). Vitamin C ist somit wichtig für ein intaktes Immunsystem. Bei den klinischen

Beschwerden eines Vitamin C-Mangels, die beim Erwachsenen zum klassischen

Krankheitsbild des Skorbuts führen, sind Schleimhautblutungen und Schmerzen in den

stärker beanspruchten Muskeln, vor allem in den Waden (4). Symptome eines leichten

Vitamin C-Mangels sind Schwäche, Ermüdbarkeit, Zahnfleischbluten sowie eine erhöhte

Anfälligkeit gegenüber Infektionen (9). Vitamin C ist das in Deutschland am häufigsten über

Nahrungsergänzungsmittel aufgenommene Vitamin. Das ist bemerkenswert, da es einen

Vitamin C Mangel in Deutschland praktisch nicht gibt.

Vitamin- und Mineralstoffversorgung in Deutschland

Auf die Frage, ob die in Deutschland vorherrschenden Ernährungsgewohnheiten zu einer

Deckung des Vitamin- und Mineralstoffbedarfs führen, gibt es widersprüchliche Angaben.

Der von der Deutschen Gesellschaft für Ernährung (DGE) e.V. veröffentlichte

Ernährungsbericht 2000 (6) beinhaltet unter anderem Daten über die mittlere tägliche

Zufuhr an Vitaminen, angegeben in Prozent der Referenzwerte für die Nährstoffversorgung.

Tabelle 6:   Mittlere tägliche Zufuhr an Vitaminen (in Prozent der Referenzwerte für die

Nährstoffzufuhr)

a) Weibliche Personen

Vitamin — Alter der Personen

Vitamin	4 bis unter 7 Jahre	7 bis unter 10 Jahre	10 bis unter 13 Jahre	13 bis unter 15 Jahre	15 bis unter 19 Jahre	19 bis unter 25 Jahre	25 bis unter 51 Jahre	51 bis unter 65 Jahre	65 Jahre und älter
Vitamin A	115	107	106	103	126	139	148	191	174
Vitamin D	38	40	55	62	66	73	90	110	50
Vitamin E	105	100	91	86	97	89	94	110	116
Thiamin	91	81	86	94	112	107	120	133	125
Riboflavin	111	96	97	103	117	114	121	140	134
Niacin	167	155	161	164	206	201	230	270	256
Pantothensäure	73	65	71	67	71	69	74	87	83
Pyridoxin	184	153	114	97	121	115	128	152	145
Biotin	189-284	154-206	111-166	105-147	65-130	64-128	67-135	76-153	73-145
Folat	46	52	41	49	52	52	53	63	60
Vitamin B12	202	178	187	139	158	157	171	203	190
Vitamin C	102	113	96	98	107	103	104	124	113

(Quelle: Ernährungsbericht 2000)

b) Männliche Personen

Vitamin — Alter der Personen

Vitamin	4 bis unter 7 Jahre	7 bis unter 10 Jahre	10 bis unter 13 Jahre	13 bis unter 15 Jahre	15 bis unter 19 Jahre	19 bis unter 25 Jahre	25 bis unter 51 Jahre	51 bis unter 65 Jahre	65 Jahre und älter
Vitamin A	129	113	115	104	116	142	138	166	163
Vitamin D	46	42	58	74	83	85	102	128	69
Vitamin E	116	96	85	91	85	88	90	113	124
Thiamin	110	88	86	90	102	106	113	142	147
Riboflavin	126	104	95	97	110	116	121	149	159
Niacin	199	175	157	159	175	198	219	277	300

Pantothensäure   84   67   81   78   82   87   85   100   98

Pyridoxin   220   159   133   114   102   117   118   141   143

Biotin 217-325   161-214   126-189   123-172   75-151 78-157 76-151 86-173   86-171

Folat 53   54   47   55   57   63   59   70   68

Vitamin B12   232   200   215   172   188   216   215   257   247

Vitamin C   124   100   102   111   111   120   105   127   119

(Quelle: Ernährungsbericht 2000)

Diese Daten zeigen, dass die Vitamin- und Mineralstoffversorgung der deutschen Bevölkerung in vielen Altersgruppen bei beiden Geschlechtern nicht optimal ist. Hervorzuheben ist hierbei insbesondere die Folsäureversorgung, die in keiner Altersgruppe auch nur annähernd ausreichend ist. Vor allem für Frauen ist dies ein Problem, da während einer Schwangerschaft schwere Schäden wie Defekte der DNA-Synthese am ungeborenen Leben auftreten können. Die Zufuhr ist im Bezug zu den Referenzwerten von D.A.CH. angegeben. Diese Referenzwerte gelten jedoch nur für gesunde Menschen und berücksichtigen keine Erkrankungen. Es stellt sich die Frage wie sich die Vitamin- und Mineralstoffversorgung darstellen würde, wenn der Mehrbedarf infolge von Erkrankungen berücksichtigt würde. Die Daten des Ernährungsberichts beziehen sich zudem nur auf Altersgruppen, die Versorgungslage von Schwangeren und Stillenden wird nicht erwähnt. Die Versorgung von schwangeren und stillenden Frauen dürfte unter Berücksichtigung des erhöhten Bedarfs schlechter sein. Grundsätzlich darf zudem nicht übersehen werden, dass viele Vitamin extrem empfindlich sind und die Zufuhr schon aus diesem Grund kritisch sein kann. Dies wird natürlich noch durch die Hinwendung vieler Menschen zu Fast Food und anderen Lebensmitteln und Speisen gefördert, die eher vitaminarm sein können.

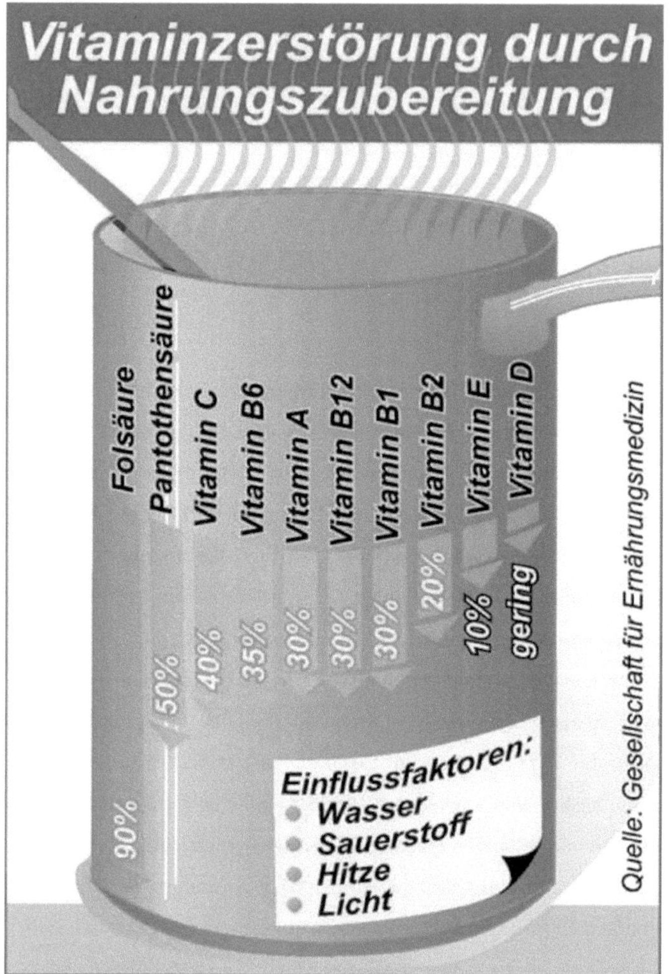

Weitere Studien belegen eine unzureichende Vitaminzufuhr in Deutschland. Im Rahmen der European prospective investigation into cancer and nutrition (EPIC) wurde die Vitaminzufuhr zweier Kohorten (Potsdam und Heidelberg) erhoben (12). Die Zufuhr an Vitamin A, D, E und Folsäure entsprach dabei nicht den Referenzwerten für die Nährstoffzufuhr. Auch der German Nutrition Survey (GeNuS) befasste sich mit der Vitaminzufuhr in Deutschland (1). Hier entsprach die Zufuhr an Vitamin E und Folsäure nicht den Referenzwerten.

Moderne Ernährungsmärchen im Bereich Vitamine

Ernährungsmärchen: Vitamine sind gefährlich.

Im Gegenteil: Ohne Vitamine ist kein Leben möglich. Gleiches gilt für alle anderen Mikronährstoffe inklusive der so genannten sekundären Pflanzenstoffe, für die aber in der Regel noch kein Beweis der Essentialität gegeben ist. Nur das Vitamin D kann unter bestimmten Voraussetzungen auch ohne Nahrungszufuhr vom menschlichen Organismus aufgebaut werden. Aber gerade beim Vitamin D gibt es durch den „vermummten" Lebensstil Probleme. Bei der Vitamin-Negativ-Berichterstattung wird oft auf Studien verwiesen, die einzelne Vitamine in hoher Dosierung zugeführt haben und vor diesem Hintergrund ohnehin unphysiologisch sind (Beispiel dafür: http://www.nejm.org/doi/full/10.1056/NEJM199404143301501). Studien beispielsweise mit niedrig dosierten Multivitamin-Mineralstoffpräparaten oder Nahrungsergänzungsmitteln, die zu negativen gesundheitlichen Ereignissen geführt haben, sind hingegen nicht bekannt. Im Gegenteil. Aus ernährungsphysiologischer Sicht ist die Mega-Dosierung von Mikronährstoffen, wie sie in der so genannten Orthomolekularen Medizin Anwendung findet, in der Regel kaum sinnvoll, unterliegt aber in jedem Falle der ärztlichen Überwachung und „Verordnung". Die Abdeckung des normalen Bedarfs ist mit Sicherheit von Nutzen!

Ernährungsmärchen: Nahrungsergänzungsmittel können zu gefährlichen Überdosierungen führen.

Falsch: Die Dosierung ist so gewählt, dass eine Überdosierung bei Einhaltung der Verzehrshinweise ausgeschlossen ist.

Ernährungsmärchen: Nahrungsergänzungsmittel können eine gesunde Ernährungsweise ersetzen.

Falsch: Eine Nahrungsergänzung kann eine gesundheitsbewusste Ernährungs- und Lebensweise optimieren.

Ernährungsmärchen: Wir nehmen ausreichend Vitamine und Mineralstoffe auf.

Falsch: Studien beweisen, dass die Zufuhr von Jod, Fluorid, Kalzium, Eisen (Frauen), Magnesium, Mangan und sogar Phosphat in einigen Altersgruppen unzureichend ist. Auch die Vitaminzufuhr ist unzureichend bei Folsäure, Biotin, Pantothensäure, Vitamin D und E sowie Thiamin. Vitamin C wird am häufigsten dosiert, hier liegt jedoch in allen Alters- und Geschlechtsgruppen keine suboptimale, sondern eine optimale Zufuhr vor. Eine suboptimale Zufuhr führt zwar nicht zu Skorbut, Beriberi, Rachitis oder Pellagra, ist aber mit mannigfaltigen Fehlfunktionen verbunden.

Ernährungsmärchen: Die Mikronährstoffzufuhr im Rahmen der DACH-Referenzwerte ist ausreichend.

Für gesunde Menschen mag das gelten – aber die DACH-Referenzwerte gelten nur für Gesunde und nicht für Kranke. Für Kranke ist mit einem zusätzlichen Bedarf zu rechnen. Praktisch jeder Mensch gehört zu einer der vielen von der ÖGE beschriebenen Risikogruppen für eine unzureichende Vitamin- und Mineralstoffzufuhr und bedarf gegebenenfalls auch der Substituierung. In der klassischen Diätsaison, die von Mangelernährung gekennzeichnet ist, bedürfen viele Menschen der Verabreichung von Mikronährstoffen. Bei einer Fastentherapie keine Vitamine und Mineralstoffe zu substituieren ist ein Kunstfehler.

Ernährungsmärchen: Gemüse und Obst sind die besten Vitamin-Lieferanten.

Falsch: Fleisch, Fisch, Nüsse und Öle sowie Milchprodukte und Eier sind für die Zufuhr bestimmter Vitamine viel wichtiger.

Autor

Dr. h.c. (AM) Sven-David Müller, M.Sc.

Medizinjournalist und Gesundheitspublizist

Master of Science in Applied Nutritional Medicine

staatlich anerkannter Diätassistent

Diabetesberater der Deutschen Diabetes Gesellschaft

Zentrum und Praxis für Ernährungskommunikation, Diätberatung

und Gesundheitspublizistik (ZEK)

1. Vorsitzender des Deutschen Kompetenzzentrum Gesundheitsförderung und Diätetik e.V.

Ostheimer Straße 27d in 61130 Nidderau bei Frankfurt am Main

Telefon 06187 9948600, Handy 0172-3854563

www.svendavidmueller.de

www.muellerdiaet.de

www.dkgd.de

Literatur

1.	Beitz R, Mensink GB, et al.: Vitamins – dietary intake and intake from dietary supplements in Germany. Eur J Clin Nutr 2002; 56: 539-545

2.	Biesalski HK, Fürst P, Kasper H, Kluthe R, et al.: Ernährungsmedizin. 2. Aufl., Stuttgart: Thieme, 1999.

3.	Biesalski HK, Grimm P: Taschenatlas der Ernährung. 2.Aufl., Stuttgart: Thieme, 2002.

4.	Biesalski HK, Schrezenmeier J, Weber P, Weiß H: Vitamine – Physiologie, Pathophysiologie, Therapie. Stuttgart: Thieme, 1997.

5.	Brockhaus Ernährung. Mannheim: F.A: Brockhaus, 2001.

6.	Deutsche Gesellschaft für Ernährung (DGE) (Hrsg.): Ernährungsbericht 2000. Frankfurt/M: Henrich

7.	Deutsche Gesellschaft für Ernährung (DGE), et al. (Hrsg.): Feferenzwerte für die Nährstoffzufuhr. Frankfurt: Umschau/Braus, 2000.

8.	Elmadfa I, Leitzmann C: Ernährung des Menschen. 3. Aufl., Stuttgart: Ulmer, 1999.

9.	Leitzmann C, Müller C, Michel P, et al,: Ernährung in Prävention und Therapie. Stuttgart: Hippokrates, 2001.

10.	Pschyrembel Klinisches Wörterbuch. 259. Aufl., Berlin: de Gruyter, 2001.

11.	Schauder P, Ollenschläger G: Ernährungsmedizin – Prävention und Therapie. München: Urban & Fischer, 1999.

12.	Schulze MB, Linseisen J, et al.: Macronutrient, vitamin and mineral intakes in the EPIC-German cohorts. Ann Nutr Metab 2001; 45: 181-189

13.	Seshadri S, et al.: Plasma homocysteine as a risk factor for dementia an Alzheimer's disease. N Engl J Med 2002; 346: 476-483

14.	Spegg H: Ernährungslehre und Diätetik. 7. Aufl., Stuttgart: Deutscher Apotheker Verlag, 2001.

15.	Stanger O, et al.: Konsensuspapier der D.A.CH.-Liga Homocystein über den rationellen klinischen Umgang mit Homocystein, Folsäure und B-Vitaminen bei kardiovaskulären und thrombotischen Erkrankungen – Richtlinien und Empfehlungen. J Kardiol 2003; 10(5): 190-199.